◎锐扬图书／编

环保家居

ENVIRONMENTAL HOME DESIGN AND MATERIAL APPLICATION OF 2000 CASES

背景墙

中国建筑工业出版社

图书在版编目（CIP）数据

背景墙/锐扬图书编.—北京：中国建筑工业出版社，2011.8
环保家居设计与材料应用2000例
ISBN 978-7-112-13380-2

Ⅰ.①背… Ⅱ.①锐… Ⅲ.①住宅-装饰墙-室内装修-建筑设计-图集②住宅-装饰墙-室内装修-建筑材料-图集 Ⅳ.①TU767-64②TU56-64

中国版本图书馆CIP数据核字（2011）第141461号

责任编辑：费海玲
责任校对：王誉欣 王雪竹

环保家居设计与材料应用2000例
背景墙
锐扬图书/编
*
中国建筑工业出版社出版、发行（北京西郊百万庄）
各地新华书店、建筑书店经销
北京锐扬图书工作室制版
北京画中画印刷有限公司印刷
*
开本：880×1230毫米 1/16 印张：6 字数：180千字
2011年12月第一版 2011年12月第一次印刷
定价：29.00元
ISBN 978-7-112-13380-2
(21133)

环保家居设计与材料应用2000例

Environmental home design and material application of 2000 cases

Contents 目录

Contents 目录

电视背景墙

客厅装修的点睛之笔

电视背景墙不但可以美化空间，还衬托着整个居室的装饰风格，同时也是客厅的集中表现，使室内充满了生机。环保舒适的电视背景墙装修要考虑整个室内空间环境中的诸多因素。

石膏板背景
艺术墙贴
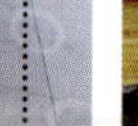
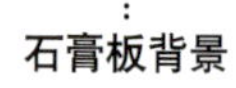

石膏板拓缝
装饰壁纸

装饰壁纸
艺术墙贴

茶色玻璃
干挂大理石

钢化玻璃搁板
装饰壁纸

直纹斑马木饰面板

环保知识

何为环保建筑

想要拥有完美的环保空间，首先要选择一个设计精良的环保建筑。怎样才算是好的建筑呢？这要看建筑本身是否有充足的阳光、宽阔的视野，通风情况是否良好，是否有“黑房间”出现，屋内是否潮湿阴暗，窗和房间的布置是否便于换气，室外噪声如何等。居室就是一个小环境，室内环境应当满足生活的必要需求，应有合适的温度、湿度，必要的风速，新鲜的空气，充足的光线，并不受周围环境的热、光辐射与噪声干扰。

装饰壁纸　石膏板拓缝

手绘图案　创意搁板

艺术玻璃　装饰画

装饰壁纸　红樱桃木饰面板

木质格栅　木质装饰立柱

艺术墙贴

装饰壁纸

艺术玻璃

装饰壁纸

实木造型混漆

装饰壁纸

石膏板背景

艺术墙贴

柚木饰面板　　石膏板拓缝

环保知识

装修的环保理念是什么

不要一味地追求豪华的装修。家装材料包括木材、油漆和涂料等，不可避免地都含有一定量的甲醛和挥发性有机物。单位面积内使用这些材料越多，空气污染物浓度也就越大。简约风格的装修在节约资金的同时，同样能体现出美感，即使所用材料并不是完全环保的，其完工后的污染也不严重。

装饰壁纸　　木质搁板

实木装饰立柱　　成品石膏雕刻

石膏板背景　　亚克力背景板

柚木饰面板　　反光灯带

木质窗棂造型　　装饰壁纸

胡桃木搁板　　装饰壁纸

木质格栅　　装饰壁纸

环保知识

何为居室的环保空间结构

这是指从切身行动去考虑环保空间的设计。首先，环保空间结构要满足人的行动需求，每个空间都应该有每个空间的活动范围。其次，环保空间结构的设计要注重心理感受。如客房要注重稳定，在设计时就要注意结构设计的稳定性；健身房是运动空间，在设计时更要注重空间的开阔性；小孩子好动，要在儿童房内留有方便玩耍的空间。

材料贴士

电视背景墙的施工要考虑哪些因素

1. 考虑地砖的厚度：造型墙面在施工的时候，应该把地砖的厚度、踢脚线的高度考虑进去，使各个造型协调，如果没有设计踢脚线，面板、石膏板的安装应该在地砖施工后，以防受潮。

2. 考虑灯光的呼应：电视墙一般与顶面的局部吊顶相呼应，吊顶上一般都有灯，所以要考虑墙面造型与灯光相呼应，还要考虑不要让强光照射电视机，避免观看节目时眼睛疲劳。

3. 考虑沙发的位置：沙发位置确定后，确定电视机的位置，再由电视机的大小确定电视墙的造型。

4. 考虑客厅的宽度：人眼睛距离电视机最佳的位置是电视机尺寸的3.5倍，因此不要把电视墙做的太厚，白白浪费宝贵的面积，导致人与电视的距离过近。

5. 考虑空调插座的位置：有的房型空调插座正好处于电视背景墙的这面墙上，这样，木工做电视墙时，要注意不要把空调插座封到背景墙的里面，应先把插座挪出来。

装饰壁纸　钢化玻璃

白枫木饰面电视柜　艺术墙贴

洞石　木质窗棂造型

艺术玻璃　白枫木饰面电视柜

装饰壁纸　实木造型混漆

装饰壁纸　干挂大理石

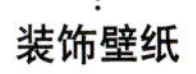

装饰壁纸　石膏波浪板

创意搁板　仿木纹壁纸

装饰壁纸　石膏板拓缝

茶色玻璃　白色乳胶漆

石膏板背景　抛光砖地面

干挂大理石　装饰镜面

木质搁板　艺术墙贴

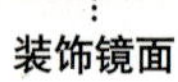

装饰壁纸　装饰镜面

木质格栅　装饰画

石膏板背景　艺术墙贴

装饰壁纸　射灯

装饰壁纸　艺术墙砖

艺术墙贴　装饰壁纸

装饰壁纸　石膏板拓缝

柚木饰面板　装饰镜面

石膏板造型背景

红樱桃木饰面　装饰壁纸

材料贴士

实现绿色家装，怎样把好选材关

要严格选用安全环保型材料，如选用不含甲醛的胶粘剂、细木工板和饰面板等，都可以减少污染。墙壁粉刷用的涂料可选用环保的水性涂料，也可选用新一代无污染PVC环保型墙纸，甚至采用天然织物，如棉、麻、丝绸等作为基材的天然墙纸，并少用色漆，就可大大减少苯的危害。选材时要注意看是否有环保产品的绿色标志，尽量选刺激性气味小的材料。还要向商家索取产品的检测报告，看它是否通过国家专业机构的检验，要尽量选用优质产品及享有一定市场信誉的产品。

装饰壁纸　　实木线条密排

艺术玻璃　　装饰壁纸

石膏板背景　　马赛克贴面

石膏板背景　　装饰壁纸

装饰壁纸　　石膏板背景

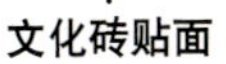

文化砖贴面　木质书架

反光灯带　装饰画

装饰壁纸　艺术玻璃

装饰壁纸　彩色乳胶漆

装饰壁纸　石膏板拓缝

石膏板背景
反光灯带

装饰壁纸
木质搁板

创意搁板
石膏板背景

装饰壁纸
抛光砖地面

石膏板背景
装饰壁纸

石膏板拓缝
实木造型混漆

木质搁板
反光灯带

装饰壁纸
装饰镜面

环保知识

室内空气中的甲醛来源主要包括什么

室内空气中的甲醛主要来自于五个方面：

1. 装饰材料，如木制人造板材、地毯、含有胶粘剂的涂料和油漆中的甲醛释放；2. 以人造板为主要原材料的家具，以及家具饰面粘贴时使用的胶粘剂中的甲醛释放；3. 建筑材料中由脲醛树脂制成的隔热泡沫材料（UFFI）中的甲醛释放；4. 液化石油气等燃料不完全燃烧产生的甲醛；5. 生活用品，如化妆用品、清新剂和消毒剂中含有的甲醛释放。但其中最主要的来源还是室内装饰材料。因为甲醛具有较强的粘合性，还具有加强板材的硬度及防虫、防腐的功能，所以用来合成多种胶粘剂。目前生产人造板使用的胶粘剂是以甲醛为主要成分的脲醛树脂，板材中残留的和未参与反应的甲醛会逐渐向周围环境释放，是形成室内空气中甲醛的主体。

装饰壁纸　胡桃木饰面

密度板拼贴　艺术墙贴

装饰壁纸　装饰画

装饰壁纸　石膏板背景

装饰画　装饰壁纸

装饰画　木质格栅

石膏板拓缝　艺术玻璃

装饰壁纸　木质搁板

装饰壁纸　彩色乳胶漆

艺术墙贴　石膏板拓缝

装饰壁纸　茶色玻璃

石膏板拓缝　木质格栅

文化石拼贴

环保知识

甲醛有哪些危害

甲醛为较高毒性的物质，在我国有毒化学品优先控制名单上高居第二位，已经被世界卫生组织确定为致癌和致畸形物质，也是潜在的强致突变物之一。研究表明：甲醛具有强烈的致癌和促癌作用。

甲醛浓度在空气中达到 0.06 ~ 0.07mg/m³ 时，儿童就会发生轻微气喘。当室内空气中达到 0.1mg/m³ 时，就有异味和不适感；达到 0.5mg/m³ 时，可刺激眼睛，引起流泪；达到 0.6mg/m³，可引起咽喉不适或疼痛。浓度更高时，可引起恶心呕吐，咳嗽胸闷，气喘甚至水肿；达到 30mg/m³ 时，会立即致人死亡。

长期接触低剂量甲醛会引起慢性呼吸道疾病，引起鼻咽癌、结肠癌、脑瘤、月经紊乱、细胞核的基因突变，DNA 单链内交连和 DNA 与蛋白质交连及抑制 DNA 损伤的修复、妊娠综合征、新生儿染色体异常、白血病，引起青少年记忆力和智力下降。

艺术墙贴

大理石贴面　艺术玻璃

装饰壁纸　石膏板拓缝

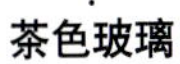

茶色玻璃　艺术墙贴

石膏板造型背景

装饰壁纸　混纺地毯

干挂大理石

装饰壁纸　亚克力背景板

创意搁板　彩色乳胶漆

装饰壁纸　实木立柱混漆

纯毛地毯　装饰壁纸

装饰壁纸

艺术墙贴　木质搁板

烤漆玻璃　亚克力背景板

茶色玻璃　装饰壁纸

装饰画　大理石贴面

装饰壁纸　成品装饰珠帘

石膏板背景　装饰画

装饰壁纸　文化砖饰面

实木造型混漆　装饰壁纸

石膏板背景　柚木饰面

反光灯带　干挂大理石

装饰壁纸　红樱桃木饰面

石膏板拓缝　装饰壁纸

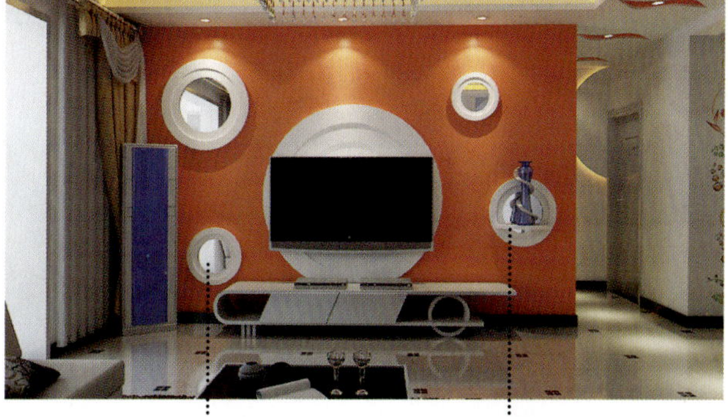

装饰镜面　木质搁板

实木线条造型　装饰壁纸

装饰壁纸　白色乳胶漆

环保知识

避免甲醛污染的措施有哪些

1. 选择甲醛含量达到国标的绿色环保材料，购买时要注意看材料是否通过环保、质检、消协或其他有资质的权威机构监制和监测通过；装修过程中，即使是环保产品，也不能超量使用，例如环保型大芯板，对 20m² 面积的居室，用量最好不超过 20m²。

2. 装修时应选择对室内环境污染小的施工工艺，例如，不要在复合木地板下面铺装大芯板；采购复合木地板和家具等，一定要先闻味和看安全证书。例如，选购复合木地板时，要在新打开的箱中立即取一块闻味，有刺激味即为超标；购家具时首先要看使用说明书，然后打开门，当闻到刺激气味时即为超标。

3. 室内装修竣工后，需要进行大约三个星期的通风换气，如无异味或其他异常即可入住，否则要请具有资质的权威单位进行检测和治理，特别是家中有老人、儿童和过敏性体质的家庭，更要注意。用人造板制作的衣柜，如甲醛未清除干净，使用时一定要注意，尽量不要把内衣、睡衣和儿童的服装放在里面。

4. 通过摆放绿色植物清除甲醛。绿色植物，如文竹、仙人球、万年青、吊兰等，通过植物的光合作用，可吸收室内空气中部分有害物质。

装饰壁纸　成品实木雕刻

实木造型混漆　石膏板拓缝

装饰壁纸　石膏板拓缝

茶色玻璃　白色乳胶漆

装饰壁纸

艺术墙贴

石膏板造型背景

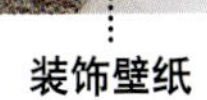

装饰壁纸

装饰壁纸　石膏板拓缝

红樱桃木饰面　装饰壁纸

装饰壁纸

装饰壁纸　石膏板背景

艺术墙贴

手绘图案　烤漆玻璃

榉木饰面板　木质搁板

干挂大理石　装饰镜面

装饰壁纸　白枫木饰面电视柜

装饰画　柚木饰面板

柚木饰面板　装饰壁纸

烤漆玻璃　装饰壁纸

创意搁板　装饰壁纸

反光灯带　装饰壁纸

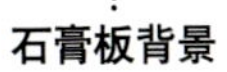

石膏板背景　装饰壁纸

艺术玻璃　彩色乳胶漆

石膏板背景　装饰壁纸

亚克力背景板　黑晶砂大理石

红樱桃木饰面　大理石饰面

装饰壁纸　成品布艺窗帘

艺术玻璃　　艺术墙贴

装饰壁纸　　实木地板

装饰镜面　　干挂大理石

直纹斑马木饰面板　　白色乳胶漆

石膏板背景　　成品实木雕刻

艺术墙贴　　彩色乳胶漆

彩色乳胶漆　　实木线条密排

手工绣制地毯　　干挂大理石

沙发背景墙

沙发背景墙的装饰设计

沙发背景墙如果有恰当的装饰和沙发搭配，融合新颖的构思和先进的工艺，就会为空间增添另一道风景线。但在装饰材料选择和运用上，不要试图用过多的材料来堆砌，这样会给人带来压抑感，而且也不环保。不妨选择一些主人喜爱的饰物及绿色环保材料来装饰墙面，显得自然清新、健康舒适，同样能够体现墙面的艺术气质。

艺术墙贴　装饰画

手绘图案　白色乳胶漆

装饰画　实木造型混漆

木质搁板　装饰壁纸

装饰壁纸　木质搁板

文化石拼贴　装饰画

装饰画　装饰壁纸

石膏板拓缝　装饰画

装饰画　彩色乳胶漆

环保知识

噪声如何影响人体健康

从环境保护角度来说：凡是干扰人们正常休息、学习和工作的声音，即人们不需要的声音，可统称为噪声。如机器的轰鸣声，各种交通工具的马达声、鸣笛声，人们的嘈杂声，各种突发的声响等，均称为噪声。噪声级为 30 ~ 40dB 的声音是比较安静的正常环境；超过 50dB 就会影响睡眠和休息。由于休息不足，疲劳不能消除，正常生理功能就会受到一定的影响；70dB 以上会干扰谈话，造成心烦意乱，精神不集中，影响工作效率，甚至发生事故；长期工作或生活在 90dB 以上的噪声环境，会严重影响听力和导致其他疾病的发生。

装饰壁纸　手工绣制地毯

石膏板背景　装饰壁纸

装饰画　装饰壁纸

石膏板拼贴　艺术墙贴

装饰镜面　纯毛地毯

白色乳胶漆　装饰画

木质搁板　装饰壁纸

石膏板背景　　实木造型混漆

石膏板拓缝　　实木线条密排

装饰画　　艺术墙贴

环保知识

怎样通过装修设计预防居室噪声

1. 家庭墙面在装修时可以进行隔声处理，可以在专业人士指导下用吸声棉和石膏板做一层隔声墙，或者使用专业的隔声材料。

2. 地面使用实木地板的隔声效果好一些，如果楼板隔声效果太差，在铺装地砖时应该采用地面附着隔声工艺，可以大大降低楼板传声。在地面或者在通道部分铺装地毯也可以降低噪声。还可以用专业的隔声材料做专门的隔声吊顶。

3. 选择效果好的隔声窗。90% 的外部噪声是从门窗传进来的。安装专业隔声窗能有效地阻挡 70% ~ 80% 噪声入侵。

4. 注意进户门和室内门的隔声。选择质量较好的防火隔声门，可以降成 30dB 左右的噪声。有老人和孩子的家庭，在装修时应该注意室内门的隔声效果，减少家人生活的互相影响。

5. 解决卫生间的 PVC 下水管传声问题，可以在水管上包覆吸声板，或者在装修时在下水管道外安装龙骨支架，然后在外面钉上吸声板，还可以在吸声板里面粘上一层海绵或者聚氯乙烯泡沫板（板材厚度应在 1cm 以上）。

6. 注意墙面孔洞的空气传声。一些房屋墙面的电线盒、插座盒是相通的，会成为墙面传声的通道，还有空调孔等，如果在装修中没有认真处理，也会成为传声通道。

装饰画　　装饰镜面

装饰画　　仿木纹壁纸

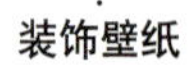
装饰壁纸

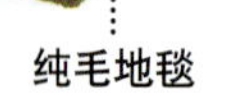
纯毛地毯

纯毛地毯　白色乳胶漆

装饰壁纸

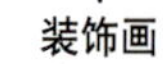
装饰画

装饰画　装饰壁纸

装饰壁纸　抛光砖地面

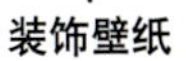

装饰壁纸　　密度板拓缝

成品实木雕刻

密度板拓缝　　实木造型混漆

装饰画　　装饰壁纸

装饰画　　仿古砖地面

白色乳胶漆　　装饰壁纸

环保知识

如何消除室内噪声

1. 减少墙壁光滑度：如果墙壁过于光滑，室内出现的任何声音都会在接触光滑的墙壁时产生反射声，增加噪声的音量。因此，可选用吸声效果较好的壁纸等装饰材料，或者利用文化石等装修材料将墙壁表面弄得粗糙一些，从而降低声波多次折射，减弱噪声。另外，墙壁、吊顶可选用隔声材料，如矿棉吸声板等。

2. 室内光线要柔和：地板、顶棚、墙壁等过于光亮，就会干扰人体中枢神经系统，让人感到心烦意乱，并使人对噪声显得格外敏感。因此，室内装饰应注意光线柔和。

3. 木质家具能吸收噪声：木质家具，尤其是较松软的木材具有纤维多孔性的特征，是最自然的吸收、扩散体，能很好地吸收噪声。但购置的家具不宜过多或过少，过多会因拥挤发生碰撞，增加声响，过少会使声音在室内产生共鸣。

4. 巧用布艺隔声：使用布艺来消除噪声也是较为常用且有效的办法。试验表明，悬垂与平铺的织物，其吸声作用和效果是一样的，如窗帘、地毯等，以窗帘的隔声作用最为重要。在卧室，应选用质地厚实的窗帘、帷幔、织物，控制光线和外界噪声。另外铺设地毯，其柔软的触感不但能产生舒适温馨的感觉，而且能消除脚步的声音，有利于人们休息。

装饰壁纸　　装饰画

红樱桃木饰面　　成品实木雕刻

装饰画

艺术玻璃　　装饰镜面

红砖饰面　装饰壁纸

彩色乳胶漆　成品装饰珠帘

装饰壁纸

纯毛地毯　大理石台面

白色乳胶漆　皮革软包

装饰画　白色乳胶漆

白色乳胶漆　装饰画

装饰画　白色乳胶漆

艺术玻璃　纯毛地毯　装饰画

大理石拼贴　装饰镜面　纯毛地毯

茶色玻璃　实木线条密排

彩色乳胶漆　仿古砖地面

纯毛地毯　白色乳胶漆

柚木饰面板　装饰壁纸

环保知识

环保装修警惕粉尘危害

目前在装修过程中造成对人类健康影响最大的室内空气污染物之一——粉尘的危害性，并不低于我们平时熟知的甲醛，被称为装修中的"隐形杀手"。表面上看粉尘不直接伤人，但实际上这种物质由各种酚类和烃类组成，并含有致癌性较强的物质，特别是粉尘粒径小于10μm以下的木粉，粒小体轻，会直接进入人的肺部组织，损伤黏膜，对人的健康侵害主要体现在以下几大方面：

1. 全身侵害：长期吸入较高浓度粉尘可引起肺部弥漫性、进行性纤维化为主的全身疾病（尘肺）；如吸入毒性粉尘，可在支气管壁上溶解而被吸收，由血液带到全身各部位，引起全身性中毒，对中枢神经系统、呼吸系统及消化系统产生严重的损伤。

2. 局部侵害：接触或吸入粉尘，首先对皮肤、角膜、黏膜等产生局部的刺激作用，并产生一系列的病变。如粉尘作用于呼吸道，早期可引起鼻腔黏膜机能亢进，毛细血管扩张，久之便形成肥大性鼻炎，最后由于黏膜营养供应不足而形成萎缩性鼻炎。还可形成咽炎、喉炎、气管及支气管炎。作用于皮肤、可形成粉刺、毛囊炎、脓皮病，如铅尘侵入皮肤，会出现一些小红点，称为"铅疹"等。

3. 致癌诱发：密集接触镍、铬、铬酸盐的粉尘，可以引起肺癌；接触放射性矿物粉尘，容易引发肺癌石棉粉尘可引起皮癌。

艺术玻璃　装饰镜面

装饰画　纯毛地毯

装饰壁纸　装饰画

艺术墙贴　柚木饰面板

彩色乳胶漆　实木地板

红砖饰面　白色乳胶漆

青砖饰面　装饰画

复合木地板　装饰画

白色乳胶漆　装饰画

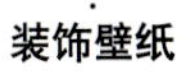

装饰壁纸　纯毛地毯

成品布艺窗帘　混纺地毯

抛光砖地面　白色乳胶漆

木质搁板　装饰壁纸

白色乳胶漆

纯毛地毯

材料贴士

“绿色板材”一定是环保板材吗

所谓绿色板材，就是甲醛含量被控制在0.08mg/m^{3}以下的板材，也就是说，绿色板材也是含有甲醛的，只是由于含量较低，如果在使用中控制得当，不会对人体造成危害而已。由此可知，在选购板材时，切不可盲目听信经销商的“绿色”宣传。

艺术地毯　亚克力背景板

装饰镜面　纯毛地毯

实木装饰立柱

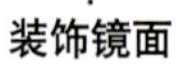

装饰镜面　装饰画

彩色乳胶漆　装饰画　手工编织地毯

创意搁板　白色乳胶漆

装饰镜面　纯毛地毯

亚光面地砖　　白色乳胶漆

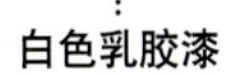

混纺地毯　　装饰壁纸

装饰壁纸　　木质搁板

复合木地板　　纯毛地毯　　白色乳胶漆

布艺软包　　纯毛地毯

艺术墙贴

白色乳胶漆

装饰画

实木造型混漆　混纺地毯

装饰壁纸　磨砂玻璃

茶色玻璃　装饰画

电视背景墙
沙发背景墙
餐厅侧墙
卧室背景墙

实木造型混漆　装饰画

白色乳胶漆　艺术玻璃

复合木地板　反光灯带

成品实木雕刻　白色乳胶漆

布艺软包　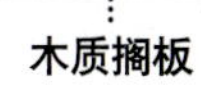木质搁板

装饰壁纸　艺术玻璃

大理石台面　纯毛地毯

胡桃木　装饰画

装饰镜面　艺术墙贴

木质格栅　木质搁板

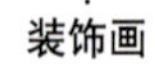

白色乳胶漆　装饰画

白色乳胶漆　装饰画

石膏浮雕

柚木饰面板

白色乳胶漆　密度板拼贴

3A级板材就是环保的好板材吗

很多人认为3A级板材的质量最好，环保程度最高，实际上，我国的板材标准中并没有“3A”规定，所谓3A级板材就是好板材的说法不过是商家或企业的个人行为，是无法真正保证板材质量的。而且目前市场上已经不允许出现该字样，一般检测合格的板材都会标有优等品、一等品及合格品等不同字样。

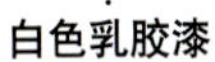

白色乳胶漆　实木装饰立柱

装饰画　博古架

纯毛地毯　装饰画

装饰壁纸　大理石贴面

彩色乳胶漆

装饰画　艺术玻璃

石膏板拼贴　亚光面地砖

木质搁板　装饰壁纸

实木线条密排　装饰壁纸

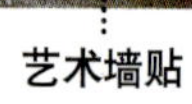

纯毛地毯　艺术墙贴

纯毛地毯　装饰画

柚木饰面板　装饰镜面

装饰壁纸　实木造型混漆

创意搁板
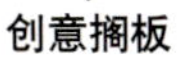

白色乳胶漆
装饰画
实木地板

装饰壁纸
艺术地毯

艺术地毯
金属线条隔断

洞石
实木装饰立柱
直纹斑马木饰面

装饰壁纸
石膏板背景

木质窗棂造型
装饰画
柚木饰面板

手工绣制地毯
装饰镜面

博古架　装饰壁纸

实木地板　装饰画

文化砖　装饰画

艺术地毯　文化砖

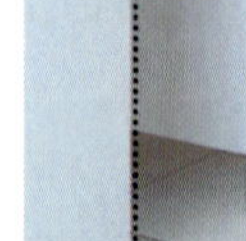

茶色玻璃　装饰画

装饰画　实木造型混漆

餐厅侧墙

营造完美就餐环境

餐厅背景墙不但可以区分功能区域，更可以营造完美的就餐空间。在墙面装饰设计的同时，添加个人喜好的温馨元素，同时也要考虑它的表现效果、实用性以及人的视觉心理感受等。就餐区域一定要选择绿色环保型装饰材料作为装修基础，保证室内的环境质量，再加上细致打理和精心装饰，并非简单的材料堆砌，从而营造轻松、舒适、健康、优雅的就餐环境。

装饰画　艺术墙贴

彩色乳胶漆　实木隔断

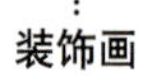

装饰壁纸　布艺卷帘

手绘墙饰　木质搁板

装饰壁纸　艺术玻璃　装饰镜面

布艺软包　彩色乳胶漆

装饰画　装饰壁纸

设计贴士

餐厅有哪些布置方法

现代家居中，餐厅正日益成为重要的活动场所，布置好餐厅，既能创造一个舒适的就餐环境，还会使居室增色不少。由于目前的家居户型不同，餐厅的形式也有几种情况。对于不同情况的餐厅，需要考虑相应的布置方法。

独立餐厅。这是最为理想的一种餐厅形式，在设计时，需要注意餐桌、椅、柜的摆放与布置须与餐厅的空间相结合，还要为家庭成员的活动留出合理的空间。

餐厅与厨房一体式。这种情况就餐时上菜快速简便，能充分利用空间，较为实用。只是需要注意不能使厨房的烹饪活动受到干扰，也不能破坏进餐的气氛。要尽量使厨房和餐厅有自然的隔断或使餐桌布置远离厨具，餐桌上方应设照明灯具。

餐厅与客厅一体式。在这种格局下，餐区的位置以邻接厨房并靠近客厅最为适当，它可以缩短膳食供应和就座进餐的走动线路；餐厅与客厅之间可采用灵活处理，如用壁式家具作闭合式分隔，用屏风、花格作半开放式的分隔，或用矮树或绿色植物作象征性的分隔。这种格局下的餐厅应注意与主要空间即客厅在格调上保持协调统一，并且不妨碍通行。

装饰壁纸　白色乳胶漆

白色乳胶漆　文化砖贴面

装饰壁纸　装饰画

装饰壁纸　白色乳胶漆

彩色乳胶漆　装饰画

装饰壁纸

艺术玻璃　木质窗棂造型

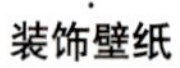

马赛克贴面　　成品石膏雕刻

艺术玻璃　　白色乳胶漆

白色乳胶漆　　装饰壁纸

白色乳胶漆　　木质窗棂造型

设计贴士

餐厅墙面如何设计

创造具有文化品位的生活环境，是室内设计的一个重点。在现代家庭中，餐厅已日益成为重要的活动场所。餐厅不仅是全家人共同进餐的地方，而且也是宴请亲朋好友、交谈与休息的地方。餐厅墙面的装饰手法除了要依据餐厅整体设计这一基本原则外，还特别要考虑到餐厅的实用功能和美化效果。此外，餐厅墙面的装饰要注意突出自己的风格，这与装饰材料的选择有很大关系：显现天然纹理的原木材料，会透出自然淳朴的气息；而深色墙面，显得风格典雅，气韵深沉，富有深郁的东方情调。

平板玻璃　　博古架

实木线条密排　　木质搁板

环保知识

餐厅墙面的色彩设计应注意什么

在就餐时，色彩对人们的心理影响是很大的，餐厅色彩能影响人们就餐时的情绪，因此餐厅装修绝不能忽略色彩的作用。餐厅墙面的色彩设计因个人爱好与性格不同而有较大差异。但总的来讲，墙面的色彩应以明朗轻快的色调为主，经常采用的是橙色以及相同色相的"姐妹"色。这些色彩都有刺激食欲的功效，它们不仅能给人以温馨感，而且能提高进餐者的兴致，促进人们之间的情感交流。当然，在不同的时间、季节及心理状态下，对色彩的感受会有所变化，这时可利用灯光的折射效果来调节室内色彩气氛。

大理石地面　装饰壁纸

白色乳胶漆　装饰画

成品实木雕刻　装饰画

实木造型混漆　装饰画

装饰壁纸　艺术玻璃

装饰壁纸　平板玻璃

装饰画　木质搁板

白色乳胶漆　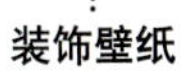装饰壁纸

彩色乳胶漆

木质搁板　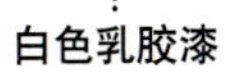白色乳胶漆

磨砂玻璃　艺术墙贴

博古架

烤漆玻璃　石膏板拼贴

白色乳胶漆　装饰画

实木地板　创意搁板

彩色乳胶漆　艺术墙贴

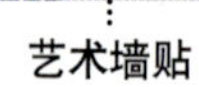

艺术墙贴　石膏板拼贴

艺术墙贴　磨砂玻璃

材料贴士

餐厅选材注意事项有哪些

餐厅地面材料：以各种瓷砖和复合木地板为首选材料，它们都因为耐磨、耐脏、易于清洗而受到普遍欢迎。但复合木地板要注意环保要求是否合格，也就是单位甲醛释放量是否达标。瓷砖和复合木地板可以选择的款式非常多，可适用各种不同种类的装饰风格，价格上也有多种选择。如果选择石材地面则使空间高贵典雅，但要注意石材的放射性。

餐厅地面材料不宜用地毯，地毯不耐脏又不易清洗，而餐厅多少总会有些油腻的菜汤、饭屑、汤渍洒到地毯上很难处理干净，平时灰尘较多而又来不及吸尘清理，最终餐厅的地面一不小心就会成为一个病毒库，这对一日三餐进食的场所来说就太危险了。

餐厅的墙面材料以内墙乳胶漆较为普遍，一般应选择偏暖的色调，如米白色、象牙白等。为了整体风格的虚实协调，餐厅需要一个较为风格化的墙面作为亮点，因此这面墙可以重新描绘一下，或采用一些特殊的材质来处理。如肌理效果，通过对其款式的选择，可以烘托出不同格调的氛围，也有助于设计风格的表达。

顶面处理就要根据总体空间安排是否吊顶。如果吊顶的话，一般采用石膏板再以乳胶漆饰面，顶棚的乳胶漆尽量用纯白色的，便于把进入房间的光线很好地反射下来。

材料贴士

板材切边越整齐越环保吗

很多人在选购板材时，喜欢买切边整齐的板材，认为这种板材质量好，环保程度高。事实上，这种认识不是绝对的，因为板材本身的质量比较好，是并不需要切边的，往往有不少毛茬，而质量有问题的板材，由于其内部多为空芯、黑芯等，生产者为了便于销售，便在切边处贴上好木料，并打磨光滑、齐整，以迷惑消费者。而这会造成所用胶粘剂会更多，有毒物质的含量往往也会更高。

艺术玻璃　装饰画

磨砂玻璃　茶色玻璃

复合木地板　装饰壁纸

纯毛地毯　彩色乳胶漆

木质搁板

装饰画

艺术玻璃

实木隔断　装饰壁纸　白色乳胶漆

磨砂玻璃　实木造型混漆

装饰壁纸　装饰画

艺术玻璃　装饰画　成品装饰珠帘

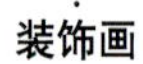

装饰画　装饰壁纸

平板玻璃　装饰壁纸

实木隔断　装饰壁纸

磨砂玻璃　白色乳胶漆

装饰画　实木隔断

装饰画　大理石地面

装饰镜面　装饰壁纸

材料贴士

板材价格越高越环保吗

目前，板材市场上的品牌众多、价格混乱，有些消费者习惯把价格作为选择板材的首要标准。认为板材的价格越高，质量越好，所含的有毒物质越少。其实，无论是木工板、刨花板还是密度板，只要是人造板材，在生产加工过程中就离不开胶粘剂，就无法杜绝污染。有些高档板材也会成为严重的污染源，而价格的高低，往往取决于板材原料的名贵程度，与环保的关系并不大。

装饰画　艺术玻璃

装饰壁纸　装饰镜面

石膏板背景

艺术玻璃　装饰画　装饰壁纸

艺术墙贴　彩色乳胶漆

材料贴士

如何选购环保板材

目前，由于板材市场上品牌众多、价格混乱，部分消费者便把价格作为选择板材的首要标准，认为想要装修的档次高，想要板材的质量好，就应该购买最贵的板材。其实，在家庭装修中，对板材的要求不是很高，而且，板材通常不会直接露在外面，不会对居室"形象"造成影响，因此，在选购时只要注意以下几点，就可以买到健康环保的板材：

1. 看标识。通过查看板材侧面以及面板上的标识，是否有E0、E1级字样。

2. 看检测报告。向商家索取检测报告，看上面是否注明板材的环保等级达到了E0、E1级标准，并看报告复印件上是否有盖生产商公章。另外检测报告只能证明该批次产品合格，因此最好选择知名品牌产品。

3. 闻气味。达到E0、E1标准的板材，通常异味不大。如果在选购细木工板、胶合板时，现场能够闻到刺鼻的味道，建议不要购买这些产品。

装饰镜面　装饰字画

装饰画　白色乳胶漆

木质搁板　装饰画

装饰壁纸　装饰画　磨砂玻璃

实木隔断　装饰壁纸　木质窗棂造型

茶色玻璃　大理石地面　白色乳胶漆

装饰壁纸　大理石地面

装饰壁纸　红砖饰面

装饰画　装饰壁纸

装饰画　磨砂玻璃

装饰壁纸　　混纺地毯　　烤漆玻璃

亚光面地砖　　白色乳胶漆

彩色乳胶漆　　钢化玻璃隔板

实木造型隔断　　装饰画　　装饰字画

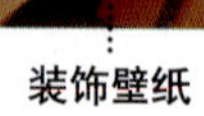

装饰壁纸　　装饰画

艺术墙贴　柚木饰面垭口

细木工板/大芯板环保吗

目前，在我国装饰装修领域，人们普遍采用细木工板作为家庭及工程装修的基本板材。细木工板，因采用胶拼或不胶拼的实木条作为芯板，俗称大芯板，是现阶段我国装饰板材的主导产品。受加工工艺的限制及胶粘剂品质的差异，市场上流通的细木工板中，绝大多数的甲醛释放量都严重超标，已对公共环境和人体健康造成严重危害。但由于大芯板价格低廉，因此，目前大芯板仍然是家装中使用的主要材料。然而，在中国消费者协会最近公布的对北京市场上销售的 33 种牌号的大芯板的测试和比较结果表明，33 种产品中只有 1 种符合国家 2010 年实施的人造板甲醛释放限量的要求，可直接用于室内。在这些品牌中，甲醛释放量最高的样品竟超过国家标准的 26 倍。据相关人员透露，价格 100 元 / 张左右的大芯板大都甲醛含量超标。

白色乳胶漆　创意搁板

装饰壁纸　平板玻璃

手绘墙饰

装饰壁纸

艺术玻璃

材料贴士

如何选用大芯板

1. 大芯板中间的夹层为实木木方，在加工时有手工拼装和机器拼装两种，机器拼装的板材拼缝更均匀，使用寿命更长。

2. 大芯板的内部木方不宜过碎，木方间的缝隙越小越好，最大不能超过3mm，选购时可以将其锯开一段进行检验。

3. 大芯板按厚度可分为3厘米板、5厘米板、9厘米板3种，消费者可根据实际需要的承重量和强度进行选择。

4. 大芯板中间夹层的材质最好为杨木或松木，不能是硬杂木，因为硬杂木很难"吃钉"，而大芯板越重，就表明其内部使用的杂木越多，质量自然无法保证。

5. 优质大芯板为蒸汽烘干，含水率在8%～12%劣质大芯板多为锯末蒸干，含水率较高，容易变形。

6. 大芯板是胶合板复合而成，大多含有甲醛，只有甲醛含量低于50mg/kg的产品才属于合格产品，选购时应查看产品说明中甲醛含量的数值。

7. E2级大芯板的甲醛含量是E1级大芯板的3倍多，所以，家庭装修只能使用E1级大芯板。

8. 大芯板本身散发木材气味，说明甲醛释放较少；如果有刺鼻的气味或芳香浓郁，就说明甲醛的含量较多。

9. $100m^2$左右的居室，大芯板的使用量不得超过20张，否则容易造成室内甲醛超标。

白色乳胶漆　柚木饰面板

木质隔板　装饰画

木质隔板　白色乳胶漆

手绘墙饰　石膏板背景

胡桃木饰面　木质格栅

磨砂玻璃　竹制格栅

装饰壁纸　木质角线

木质窗棂造型　博古架

装饰壁纸　艺术玻璃

钢化玻璃　磨砂玻璃

装饰壁纸　艺术玻璃

磨砂玻璃

仿古砖地面

材料贴士

选购中密度纤维板应注意哪些问题

中密度纤维板通常是经过装饰加工后才与消费者见面，所以消费者往往很难从外观判断中密度纤维板的质量。一般情况下，消费者选购中密度纤维板时，可从以下几个方面入手：

1．从板材的某些加工孔洞或断面查看板材的内部结构，好的中密度纤维板的组织结构呈纤维状，如果呈颗粒状，就有可能是刨花板。

2．组织结构越细致紧密，其物理力学性能越好，即质量越好。

3．近距离嗅闻板材或成品的气味，有刺鼻气味就表示甲醛超标，一旦使用将影响身体健康。

4．大厂名牌产品通常经过有关部门的检测，一般为合格的优质产品。

彩色乳胶漆

艺术墙贴　装饰镜面

白色乳胶漆　装饰画

艺术玻璃　装饰壁纸

石膏板背景

墙砖　装饰画

装饰画　装饰壁纸

白色乳胶漆　艺术玻璃隔断

装饰壁纸　创意搁板　仿古砖地面

装饰壁纸　装饰画　大理石地面

环保知识

集成材料是理想的环保材料吗

集成材有：杉木集成材、香樟木集成材、美国花旗松、白松、新西兰松等。目前大众化产品是杉木集成材。这种集成板材采用国际上流行工艺——接横拼法拼接而成，由于其整个基材全部为实木条，胶粘剂只用于实木条之间的粘合，而且使用的是国际上的环保胶粘剂，其甲醛最高含量仅为 2mg/100g，远远低于国家规定 A 类环保装饰板材甲醛含量（低于 9mg/100g）的标准，即使是刚出厂的产品也闻不到刺激气味。一般用于橱柜内装修或门制作用的内衬材料。主要厚度规格有 12mm、15mm、17mm、18mm 四种规格，分别有单层普通集成材、（双面有节）、单无节集成材、双面无节集成材以及三层有节集成材和三层无节集成材共五种。其产品特点是：全原木、全方板条长拼指接而成，原木纹理清晰、自然。环保，在各种胶合板材中、胶量使用最少，所以环保系数最高。三层集成材稳定性好，不易变形、开裂，是环保家装材料的理想选择。

装饰画　装饰壁纸

艺术墙贴　成品布艺窗帘

大理石地面　聚酯玻璃　白色乳胶漆

实木地板　装饰画　白色乳胶漆

白色乳胶漆　木质搁板

装饰壁纸　木质格栅

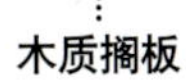

彩色乳胶漆　装饰画

中空玻璃　彩色乳胶漆　白色乳胶漆

装饰画　艺术玻璃　聚酯玻璃

彩色乳胶漆　实木造型混漆

创意搁板　艺术玻璃

装饰壁纸　装饰画

装饰镜面　木质搁板

卧室背景墙

演绎空间变奏曲

不同风格的卧室背景墙，以不同的画面呈现，给人以不同的心理感受。卧室空间是很注重私密性的，装修的宁静感会给人带来舒适的睡眠。所以，装修时一定要选择环保建材，要注意材料的性价比，充分考虑到材料互相搭配的效果，否则会影响整个家居的环境质量。各种材质之间还应注意协调一致，从而创造卧室的整体美，使人拥有一个充满魅力、温馨舒适的休息环境。

成品布艺窗帘　皮革软包

柚木饰面板　装饰壁纸

白色乳胶漆　胡桃木饰面板

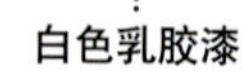

白色乳胶漆　艺术墙贴

白色乳胶漆　装饰壁纸

密度板混漆　　白色乳胶漆

装饰画　　干挂大理石

布艺软包　　彩色乳胶漆

彩色乳胶漆　　装饰画

环保知识

实木地板、复合地板哪个更环保

卧室常用地板一般选择木地板——实木地板或复合地板。

实木地板是木材经烘干，加工后形成的地面装饰材料。它具有花纹自然、脚感舒适、使用安全的特点。实木地板的装饰风格质感自然，适合现代人贴近自然的需要。强化复合地板是在原木粉碎后，掺加防腐剂、添加剂后，经热压机高温高压压制处理而成，因此它打破了原木的物理结构，克服了原木稳定性差的弱点。复合地板的强度高、规格统一、耐磨系数高、防腐、防蛀。

地板中的环保概念主要取决于在地板生产中所使用的胶。胶用得越少也就越环保。所以实木地板因为是纯实木制作，制作中无胶，而复合地板是用浆纸质材料生产，多层叠加后用胶加工而成。复合地板的甲醛释放量目前的国标为 E1 级，即 E1 ≤ 1.5mg/L，但 E0 级（甲醛释放量平均值小于 0.5mg/L）已经出现，其中较多大型品牌均已达到 E0 级，所以，如果选用的复合地板符合国家标准，也可以放心使用。

成品布艺窗帘　　布艺软包

材料贴士

如何鉴别绿色强化木地板的性能

1. 甲醛释放量测定：选用密封性能好的大口瓶子，锯切同样大小的几个备选品牌的样板，放入不同瓶子中，密封 24 小时后，打开瓶子，逐一闻闻，就会比较出哪个品牌的地板甲醛释放量小了。

2. 表面耐磨程度：用 180 号砂纸（砂纸粗细细微差异，问题不大），同一个人，用同样的力气和方法，连续来回摩擦地板的同一个地方，50 次。没有三氧化二铝的地板，很可能木纹纸会严重破损。46 克耐磨纸的地板，表面基本不会有严重的划痕；38 克或更低克数的耐磨纸，表面会有不同程度的磨损。

3. 吸水厚度膨胀率：锯切大小近似的备选样板，编号后，放入开水中，5～8 分钟。拿出来比较它们边缘的膨胀程度。最好事先用千分尺，测量样板的测点厚度，做出标记。经过开水浸泡后，拿出来再测量其厚度，可以计算出开水浸泡后，相对的地板吸水厚度膨胀率。

4. 地板的几何尺寸：这个比较试验需要用整块板子做比较。将两块地板拼在一起，用手摸接缝的高低差；在卖地板的样板间，也可以有意识摸摸，比较比较。品牌之间的差别，应该很明显。看拼接缝隙的严密程度。有的地板有侧弯，拼缝就不会很严密，这反映了地板的加工精度。

实木地板　　艺术墙贴

红樱桃木饰面　　装饰壁纸

装饰壁纸　　白色乳胶漆

成品实木雕刻　　装饰壁纸

茶色玻璃　　实木地板

装饰壁纸　装饰画

磨砂玻璃　红樱桃木饰面

装饰壁纸　皮革软包

艺术墙贴　纯毛地毯

装饰镜面　皮革软包

布艺软包　装饰画

装饰壁纸　装饰画

石膏板背景　装饰壁纸

木质格栅　装饰壁纸

彩色乳胶漆　木质搁板

装饰壁纸　装饰画

装饰壁纸　布艺软包

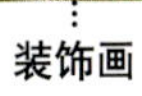

装饰画　装饰壁纸

装饰壁纸　装饰画

装饰壁纸

装饰画

布艺软包

装饰壁纸　装饰画

磨砂玻璃　装饰壁纸

装饰壁纸　直纹斑马木饰面

茶色玻璃　装饰壁纸

木质搁板　装饰壁纸

布艺软包　装饰画

材料贴士

石膏板是环保材料吗

因为石膏板都是以建筑石膏为主要材料，不需要使用大量的胶粘剂，所以石膏板是一种环保而且无污染的材料。石膏板属于新型吊顶装饰材料，有较好的装饰效果和吸声性能，而且其价格较为低廉，是家庭装修中的较为常用的一种装饰建材，消费者在选购石膏板时，需要对石膏板的规格、品种、性能和使用特点等进行了解，以便充分发挥石膏板的优点，使自己的居室更美观。

纯毛地毯　布艺软包　密度板拓缝

直纹斑马木饰面　白色乳胶漆

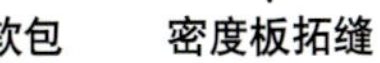

纯毛地毯　装饰壁纸

茶色玻璃　装饰壁纸

胡桃木饰面　实木地板

布艺软包　红樱桃木饰面

装饰画 胡桃木饰面

布艺软包 装饰壁纸

柚木饰面板 白色乳胶漆

石膏板背景

皮革软包 装饰画

装饰画 柚木饰面板

彩色乳胶漆

柚木饰面板 装饰壁纸

白色乳胶漆　红樱桃木饰面

装饰画　皮革软包

艺术地毯　石膏板拓缝

装饰壁纸

混纺地毯

材料贴士

绿色石膏板的种类有哪些

石膏板的种类非常多，我国目前生产的石膏板主要有装饰石膏板、纸面石膏板、纤维石膏板、防火石膏板、防水石膏板和石膏空心条板等。

1. 装饰石膏板：以建筑石膏为主要原料，掺加了少量的纤维等材料，有多种图案、花饰的板材，具备轻质、防火、防潮、易加工、安装简便等特点，适用于中高档装饰。

2. 纸面石膏板：以石膏料浆为夹芯，两面用纸做护面加工而成的轻质板材，具有防火、防蛀、质地轻、强度高等优点，常用于家庭装修中的内墙、隔墙和吊顶。

3. 纤维石膏板：以建筑石膏为主要原料，掺加适量纤维等增强材料加工而成，有很好的抗弯强度，常用于家庭装修中的内墙和隔墙。

4. 防火石膏板：板芯内加有耐火材料和大量玻璃纤维，有很好的防火功能，选购时从断面可看到很多玻璃纤维。

5. 防水石膏板：板芯和护面纸均经过防水处理（表面吸水量不大于160g，吸水率不超过10%），适用于湿度较高的卫生间、浴室等潮湿场所。

6. 石膏空心条板：一种空心板材，以建筑石膏为主要原料，掺加适量的轻质填充料或纤维材料，经多种工艺加工而成，适用于内墙和隔墙。

布艺软包　　白色乳胶漆

装饰壁纸　　胡桃木饰面

装饰壁纸　　装饰画

装饰画　　白色乳胶漆

装饰画

装饰画

木质搁板

装饰画　艺术玻璃

白色乳胶漆　装饰壁纸

复合木地板　装饰画

装饰壁纸　石膏板背景

装饰画　直纹斑马木饰面

柚木饰面板　白色乳胶漆

成品布艺窗帘　柚木饰面板

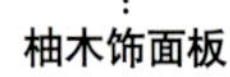

艺术玻璃　布艺软包

装饰壁纸

实木地板　皮革软包

木质格栅　装饰画

装饰壁纸　布艺软包

装饰画　柚木饰面板

木质搁板　装饰壁纸

装饰画　彩色乳胶漆

皮革软包　实木造型混漆

装饰画

皮革软包

直纹斑马木饰面　装饰壁纸

复合木地板　装饰壁纸

直纹斑马木饰面　装饰壁纸

装饰画　手绘墙饰

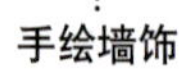

皮革软包

布艺软包　装饰壁纸

皮革软包　装饰画

装饰壁纸　　装饰画

艺术玻璃　　柚木饰面板

直纹斑马木饰面

装饰壁纸

复合木地板

柚木饰面板　　装饰镜面

柚木饰面板　　装饰画

装饰画　　彩色乳胶漆

布艺软包　　装饰壁纸

装饰画　　装饰镜面

木质窗棂造型　布艺软包

装饰壁纸　装饰画

装饰壁纸　装饰画

材料贴士

如何选购“绿色”的石膏板

消费者在选购石膏板的时候，可通过以下几种方法加以鉴别：

1. 目测：在0.5m远且光线较好的条件下，对板材正面进行目测，如果表面平整光滑，没有气孔、污痕、裂纹、缺角和色彩不均，上下两层牛皮纸粘贴结实，其质量一般较好。

2. 敲击：用手敲击石膏板，如果声音很实，说明严实耐用，如果发出很空的声音，说明板内有空鼓现象。

3. 偏差：石膏板面应平整，无较大的鼓包，四角无缺损。

4. 标志：包装箱上应有产品的名称、商标、质量登记、制造厂名、生产日期及防潮、小心轻放和产品标记等标志。

皮革软包　木质窗棂造型

木质搁板

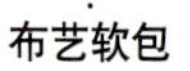

石膏板背景 布艺软包

木质窗棂造型 皮革软包

布艺软包 装饰壁纸

木质搁板 彩色乳胶漆

实木线条密排 布艺软包

成品布艺窗帘 皮革软包

柚木饰面板

木质窗棂造型 装饰画